Bibliografische Information der Deutschen Nationalbibliothek:

Die Deutsche Bibliothek verzeichnet diese Publikation in der Deutschen National-
bibliografie; detaillierte bibliografische Daten sind im Internet über http://dnb.d-
nb.de/ abrufbar.

Impressum:

Copyright © 2009 GRIN Verlag, Open Publishing GmbH
Druck und Bindung: Books on Demand GmbH, Norderstedt Germany
ISBN: 9783640652105

Dieses Buch bei GRIN:

http://www.grin.com/de/e-book/153095/das-semesterticket-der-universitaet-potsdam-
nutzungsverhalten-und-zufriedenheit

Martin Krüger

Das Semesterticket der Universität Potsdam: Nutzungsverhalten und Zufriedenheit der Studentenschaft

GRIN Verlag

Universität Potsdam
Mathematisch-Naturwissenschaftliche Fakultät
Geographisches Institut

Projektabschlussarbeit

Das Semesterticket der Universität Potsdam.
Nutzungsverhalten und Zufriedenheit der Studentenschaft.

Universität Potsdam

Mathematisch-Naturwissenschaftliche Fakultät

Geographisches Institut

Methodenorientiertes Projektseminar

Form: Projektabschlussarbeit

Titel: Das Semesterticket der Universität Potsdam. Nutzungsverhalten und
Zufriedenheit der Studentenschaft.

Datum: 28.08.2009

Name: Martin Krüger

Studiengang: B.A. Geschichte / Humangeographie

SoSe 2009

Einleitung

Der Untersuchungsgegenstand "Semesterticket" hat sich aus dem Forschungsthema "Mobilität von Studierenden" herauskristallisiert und wurde von uns konkretisiert. Daraus ergab sich die Fragestellung: Wie stellen sich das Nutzungsverhalten und die Zufriedenheit der Studierenden an der Universität Potsdam mit dem Semesterticket dar?

Das seit 2001 eingeführte Semesterticket an der Universität Potsdam führte bis heute immer wieder zu heftigen Kontroversen und Diskussionen. Es fundiert auf dem Solidarmodell und lässt daher eine Befreiung unmöglich erscheinen, denn nur in Ausnahmefällen, wie Urlaubssemester, Auslandsaufenthalt etc., ist eine Befreiung möglich[1]. Es stehen sich drei Lager gegenüber: die eine Gruppe sind die Nutzer, die andere Gruppe die Nichtnutzer (z. B. wegen Verfügbarkeit eines PKW´s) und letztere sind die Mischnutzer.

Unsere empirische Forschung legte den Schwerpunkt auf das Nutzungsverhalten und die Zufriedenheit der Studierenden mit dem Semesterticket in Verbindung mit dem ÖPNV/ SPNV[2]. Die wissenschaftliche Fundierung unserer Forschung basiert auf der großen "AStA[3]-Umfrage" von 2002, die kurz nach der Einführung des Semesterticket an der UP[4] durchgeführt worden war.

Nach Sichtung der Ergebnisse dieser Umfragen stellten wir fest, dass zwar untersucht worden war wie sich das Nutzungsverhalten der Studentenschaft darstellt, aber unseren Erachtens nach wurde der Aspekt der Zufriedenheit mit dem Semesterticket und dem ÖPNV/SPNV nicht ausreichend bedacht. In unserem Forschungsprojekt wurden diese fehlenden Aspekte der AStA-Umfrage mit aufgenommen, um das aktuelle Stimmungsbild der Studenten über das Semesterticket zu ermitteln und untersuchen zu können. Außerdem stellen die ausgewerteten Daten eine Ergänzung zur Verkehrsumfrage des AStA von 2002 dar. Mittels dieser Projektarbeit sollen die Vorbereitungen, gewählte Methoden, die Auswertung, Analyse und Darstellung der Ergebnisse von den erhobenen Daten erfolgen.

Die Operationalisierung, Analyse und Auswertung der Daten wird einen erheblichen Teil der Arbeit ausmachen. Wir haben eine Hypothese aufgestellt, die sehr viele Unterfragen beinhaltet, z. B. wie viel % der Studierenden der UP welche Verkehrsmittel nutzen, wie ist die Zufriedenheit mit dem Semesterticket sowie dem ÖPNV, wie schätzen die

---

[1] Sozialinfo für Studierende an Potsdamer Hochschulen, Hrsg.: GEW Brandenburg, Vierte, überarbeitete Auflage, 2008, S. 50-51.
[2] Öffentlicher Personennahverkehr; Schienenpersonennahverkehr
[3] Allgemeiner Studierenden- Ausschuss
[4] Universität Potsdam

Studierenden den Kosten-Nutzen-Faktor ein, gibt es eventuelle Mischnutzungen etc. Wir werden versuchen in dieser Projektarbeit unsere Fragestellung anhand der Ergebnisse zu beantworten.

Einbettung des Forschungsthemas in den wissenschaftlichen Kontext

Den Grundpfeiler unserer wissenschaftlichen Fundierung stellt die AStA-Umfrage von 2002[5] dar, bei der Daten über die Nutzung der Studierenden mit dem Semestertickets erhoben worden waren. Ergebnis der Umfrage war, dass der überwiegende Teil der Studentenschaft das Ticket u. somit den ÖPNV/SPNV nutzt und ein geringerer Teil es aufgrund von PKW-, Krad- u. Fahrradnutzung nicht in Anspruch nimmt. Die folgende Tabelle zeigt die Ergebnisse, die vom AStA 2002 ausgewertet worden waren, denen zufolge 64,2% der Befragten Studierenden den ÖPNV/SPNV – de facto das Semesterticket – nutzen.

Verkehrsmittel	Anteil in %
Motorrad/Moped	0,6
Auto	17,5
Bus und Bahn	64,2
Fahrrad	13,5
Fußgänger	2,0
Keine Angabe	2,3

Tab. 1

Die Forschungsfrage hat sich für uns durch fehlende Aspekte in der AStA-Umfrage, wie die Zufriedenheit mit dem Semesterticket und dem ÖPNV, vorhandene Mischnutzung von Studenten etc., ergeben. Die für uns wichtigen Aspekte haben wir in unserem Forschungsthema eingebettet und diese waren zugleich Schwerpunkt der empirischen Untersuchung. Zum Nutzungsverhalten und der Zufriedenheit von Studierenden der Universität Potsdam mit dem Semesterticket gibt es keine weiteren empirischen Untersuchungen als die schon erwähnte Verkehrsumfrage 2002 vom AStA der Universität Potsdam. Als Orientierung werden wir einige Studien anderer Universitäten und Verkehrsunternehmen zum Semester-

---

[5] http://www.asta.uni-potsdam.de/semesterticket/verkehrsumfrage.pdf (2002)
Hrsg.: Präsidium des Studierendenparlamentes, Januar 2003

ticket nutzen und vergleichen, wie die Strukturen der Semestertickets an anderen Universitäten gestaffelt sind, sofern ein derartiges Ticket für die Studenten angeboten wird.

Methodisches Vorgehen

Wir haben uns für die Methode des standardisierten Interviews in Form eines Fragebogens entschieden, womit wir unsere Datenerhebung (Feldarbeit) durchgeführt haben. Um eine Aussage über unsere empirische Untersuchung treffen zu können, haben wir festgelegte Fragen verwendet, damit eine identische Interviewsituation hergestellt werden konnte, um den Befragten nicht durch wechselnde Formulierungen derselben Fragen unterschiedliche Interpretationsvorgaben für seine Antworten zu geben.[6]

Die Grundgesamtheit der befragten Gruppe für unser Forschungsprojekt wird schon in der Hypothese erwähnt – die Studentenschaft der UP. Die Daten wurden ausnahmslos aus der Untersuchungsregion der Universitätsstandorte Neues Palais, Golm und Griebnitzsee, infolge des studentischen Pendelverkehrs – bedingt durch die Zwei-Fächer Kombinationen des neuen Bachelor-Modells – erhoben. Da derzeitig mehr als 20.000 Studenten an der UP immatrikuliert sind, können unsere empirische Untersuchung und die daraus resultierenden Ergebnisse, die auf 82 ausgefüllten und gültigen Fragebögen basieren, nur eine Stichprobe der Grundgesamtheit wiedergeben. Das Semesterticket besitzt so gut wie jeder Student deshalb bot sich die quantitative Methode an. Ein Interview mit ausgewählten Personen hielten wir deshalb im Fall unseres Forschungsprojekts für nicht sinnvoll.

Bei der Erstellung des Fragebogens sind wir in drei Blöcken vorgegangen: zunächst haben wir die Fragen konzipiert, die uns wichtig für unsere Projektstudie erschienen. Nachdem wir eine Anzahl von 25 Fragen erreicht hatten, waren wir der Meinung, dass dies ausreichend sei, denn vor zu vielen, schwerverständlichen und langatmigen Fragen schrecken die meisten Befragten zurück. Deshalb formulierten wir unsere Fragen kurz, konkret und schlüssig, damit Missverständnisse von vornherein ausgeschlossen werden konnten. Wir haben uns an den Faustregeln von Atteslander orientiert, die besagen: „Fragen sollten einfache Wörter enthalten; d. h. im Wesentlichen: keine Verwendung von nicht gebräuchlichen Fachausdrücken, keine Verwendung von Fremdwörtern und keine Verwendung von Abkürzungen oder Slangausdrücken. Fragen sollten kurz formuliert sowie konkret sein und keine bestimmte Beantwortung provozieren, d. h. Vermeidung von Suggestivfragen, neutral und nicht hypothetisch formuliert, sich nicht nur auf einen

---

[6] Meier Kruker, V./Rauh, J., Arbeitsmethoden der Humangeographie, 2005.

Sachverhalt beziehen, keine doppelte Negationen enthalten und den Befragten nicht überfordern"[7].

Der zweite Teil beinhaltete das Layout des Fragebogens. Wir haben den Fragebogen leicht übersichtlich, einfach strukturiert und interessant gestaltet. Am Anfang des Fragebogens haben wir eine kurze Einleitung mit Begrüßung, Vorstellung und Sinnerläuterung zur Semesterticketstudie verfasst, die die Aufmerksamkeit und das Interesse der Befragtengruppe ansprechen sollte.

Der letzte Block der Fragebogenerstellung beinhaltete die Anordnung der Fragen im Fragebogen selbst. Die Einteilung unserer Fragen in drei Bereiche bildete zugleich den Leitfaden unserer Befragung:

1. Nutzungsverhalten der Studierenden der UP mit dem Semesterticket. In diesem Themenkomplex haben wir ein Filter ab Frage 3 bis 7 eingebaut, der ausschließlich nur Auto- u. Kradnutzer betrifft. Die Gruppe ist zwar eine Minderheit, aber übt die stärkste Kritik an dem „Pflichtkauf"[8] des Semestertickets aus.

2. Zufriedenheit der Studierenden mit dem Semesterticket und dem ÖPNV/SPNV.

3. Persönliche Angaben.

Wir haben uns bei der Konstruktion der Fragen für überwiegend geschlossene Fragen entschieden, da wir die Daten der Befragten bei der Auswertung vergleichen wollten. Drei Fragen des Fragebogens haben die Möglichkeit von Mehrfachantworten, darunter ist natürlich auch die Frage, die den Filter einleitet. Als Alternative zu den nicht verwendeten offenen Fragen haben wir bei dem groß Teil der Fragen die Option „Sonstiges" eingebettet, um dem Befragten die Einbringung seiner eigenen Meinung zu ermöglichen. Vereinzelt haben wir auch Fragen eingebaut, die bei der Bewertung dem Aspekt einer Rangfolge unterliegen – von sehr zufrieden bis unzufrieden, sehr gut bis schlecht, zu teuer bis sehr preiswert und wichtig bis unwichtig. Denn „geschlossene Fragen bieten den Befragten die Möglichkeit bzw. die Aufgabe, sich zwischen verschiedenen vorgelegten Antwortalternativen zu entscheiden. [...] Geschlossene Fragen werden weiterhin besonders dann offenen Fragen vorgezogen, wenn auf ein hohes Maß an Vergleichbarkeit von Antworten

---

[7] Atteslander, P., Methoden der empirischen Sozialforschung, 2003, S. 173-174.
[8] Sozialinfo für Studierende an Potsdamer Hochschulen, Hrsg.: GEW Brandenburg, Vierte, überarbeitete Auflage, 2008, S. 50-51.

zwischen den Befragten Wert gelegt wird und Zeit- und Kostenersparnis bei der Erhebung und Erfassung (Codierung) eine wichtige Rolle spielen"[9].

Der Erhebungsphase ging ein *„Pretest"* voraus, der positiv verlief und bestätigte, dass eine Qualitätsverbesserung an dem Fragebogen nicht erforderlich sei.

Die Feldarbeit oder auch Datenerhebung unserer empirischen Projektstudie fand in der Woche vom 15. bis 19. Juni 2009 auf den Universitätsstandorten Neues Palais, Golm und Griebnitzsee statt. Nach der Vervielfältigung der ausgearbeiteten Fragebögen wurde eine Arbeitsteilung vorgenommen: Herr Wagener erhob die Daten auf dem Campus in Golm und Griebnitzsee und von mir, Herrn Krüger, am Neuen Palais. Zunächst versuchte ich die Fragebögen von einzelnen Ansprechpartnern bearbeiten zu lassen, doch schnell wurde klar, dass dies zu aufwendig wäre und ich entschied mich, in einem Seminar meines Studienganges die gesamte Studentenschaft des Kurses zu bitten, an der Projektstudie zum Semesterticket teilzunehmen. Das Interesse der Studenten wurde geweckt, da alle an der Datenerhebung teilnahmen und mich darum baten, ihnen die Ergebnisse der Studie mitzuteilen. Die restlichen fünf Fragebögen wurden von mir durch Befragung Einzelner eingeholt. Herr Wagener erhob seinen Anteil der Daten ebenfalls mit der gleichen Arbeitsmethode. U. a. kam es bei der Feldarbeit mit den Befragten zu heftigen Diskussionen, was die Aktualität unserer Hypothese und das Interesse der Studierenden an dieser Studie widerspiegelt. Insgesamt wurden für die Datenerhebung 82 Fragebögen verwandt, die nach der eingehenden Prüfung der beantworteten Bögen eine Gültigkeit für die Analyse und Auswertung besaßen.

Die Daten der Feldarbeit wurden von uns mit Hilfe des Statistik-Programms „SPSS 17.0" analysiert und ausgewertet. Nachdem der Fragebogen ausgearbeitet worden war, haben wir mit dem Statistikprogramm SPSS(Datei) die Codierung des Fragebogens vorgenommen. Mit Hilfe dieser Codierung konnten die Rohdaten nach der Datenerhebung in die SPSS-Datei eingepflegt, analysiert und ausgewertet werden.

Die Analyse erfolgt über Tabellen und Diagramme, mit deren Hilfe man einzelne Daten o. Fälle graphisch u. tabellarisch darstellen kann. Ebenfalls haben wir verschiedene Fälle gegenübergestellt und miteinander verglichen, was mittels von Kreuztabellen erfolgte. Für die graphische o. tabellarische Darstellung von Mehrfachantwortenfragen mussten von uns im Statistikprogramm „Variablen-Sets" der einzelnen Kategorien erstellt werden.

Die Befragten waren im Großen und Ganzen sehr stark motiviert bei der Studie mitzuwirken und es wurde immer wieder betont, dass das Thema Semesterticket wichtig

---

[9] Meier Kruker, V./Rauh, J., Arbeitsmethoden der Humangeographie, S. 92.

und interessant wäre. Ich bekam zahlreiche Nachfragen von PKW-/Krad-Nutzern, ob man verpflichtet sei das Semesterticket zu erwerben. Ich verwies diese Studenten auf das „Sozialinfo Heft für Studierende an Potsdamer Hochschulen"[10], den Internetauftritt des „AStA"[11] der UP und bestätigte ihnen, dass eine Befreiung vom Semesterticket nur in Ausnahmefällen erfolgen kann, da es auf dem Solidarmodell[12] beruht.

Von der Gesamtheit der erhobenen Fragebögen waren nur zwei ungültig, was das hohe Interesse der Befragtengruppe, im Rahmen unserer Studie zum Semesterticket belegt.

Die Kritik der Befragten zum Fragebogen stellte sich wie folgt dar: einige fanden den gedruckten Hinweis für die Einleitung des Filters ab Frage 3-7 für „zu leicht übersehbar", man hätte sich mehr offene Fragen gewünscht; um die eigene Meinung noch mehr einbringen zu können. Abkürzungen sollten laut der Befragten erklärt bzw. vermieden werden; da es sonst zu Missverständnissen kommen kann. Die kritischen Bemerkungen der Befragtengruppe nehmen wir selbstverständlich gerne auf; denn so wissen wir; was bei einer folgenden empirischen Studie weiterhin zu beachten ist. Die Gesamtheit befand den Fragebogen für gut strukturiert. Die verständlichen u. konkreten Fragen, die unsere Hypothese widerspiegeln, wurden ebenfalls positiv bewertet.

Um unsere Fragestellung am Ende der empirischen Untersuchung beantworten zu können, haben wir uns an den fünf Phasen eines Forschungsablaufes von P. Atteslander orientiert.

I. *Problembenennung*, II. *Gegenstandsbenennung*, III. *Durchführung* = Anwendungen von Forschungsmethoden, IV. *Analyse* = Auswertungsverfahren, V. *Verwendung* von Ergebnissen.[13]

Auswertung und Analyse der erhobenen Daten

Das Nutzungsverhalten der Studentenschaft der UP stellt sich nach unseren Ergebnissen wie folgt dar: von den 82 Befragten bei Frage F1 nutzen 80,5% das Semesterticket täglich, 12,2% 2-5 x wöchentlich und 7,3% nur selten. Das lässt den Schluss zu, dass die 7,3% vorwiegend PKW-/Krad- und Radnutzer sind. Die 12,2% gehören partiell auch zu dieser Gruppe, aber es liegt auch eine Mischnutzung (Auto, Fahrrad u. ÖPNV) in dieser Gruppe vor. (Tab. 2)

---

[10] Sozialinfo für Studierende an Potsdamer Hochschulen, Hrsg.: GEW Brandenburg, Vierte, überarbeitete Auflage, 2008, S. 50-51.
[11] http://www.asta.uni-potsdam.de/semesterticket/
[12] Jeder Studierende an der UP ist verpflichtet das Semesterticket zu erwerben, damit es preisgünstig angeboten werden kann.
[13] Atteslander, P., Methoden der empirischen Sozialforschung, 2003, S. 22.

Nutzungsverhalten

		Häufigkeit	Prozent	Gültige Prozente	Kumulierte Prozente
Gültig	täglich	66	80,5	80,5	80,5
	2-5 x wöchentlich	10	12,2	12,2	92,7
	selten	6	7,3	7,3	100,0
	Gesamt	82	100,0	100,0	

Tab. 2

Für welche Zwecke wird das Semesterticket von den Studierenden genutzt, wurde von uns in F2 gefragt (Mehrfachantworten waren möglich) und es stellte sich heraus, dass eine große Gruppe der Befragten, nämlich 62%, das Semesterticket ausschließlich für die Universität und private Zwecke nutzt. Mit einer Quote von 28,9% folgt der Freizeittourismus. 5% der befragten Studenten/innen nutzen das Semesterticket nur für Fahrten zur Universität und 4,1% zur privaten Nutzung. Die 28,9% zeigen eine noch relativ geringe Nutzung des Semestertickets für den Freizeittourismus an. Die Studenten/innen verfügen mit dem Semesterticket der Universität Potsdam über das Gesamtnetz des Verkehrsverbundes Berlin-Brandenburg. Dieses Instrument verweist auf eine steigende Nutzungsmotivation für den Freizeittourismus. In Verbindung mit anderen Ermäßigungen, wie z. B. der „Bahncard", entsteht eine interregionale und flexible Mobilität für Studenten/innen. Die überwiegende Nutzung des Semestertickets für Fahrten zur Universität und private Zwecke verdeutlicht den hohen Nutzungsgrad des Semestertickets. Von 82 Befragten zu diesem Fall enthielten sich zwei Teilnehmer ihrer Stimme.

Im Filter für PKW-/Kradnutzer fragten wir bei F4, ob die Befragten bei steigenden PKW-/Krad-Kosten verstärkt den ÖPNV/SPNV nutzen würden. Die Ergebnisse stellten wir mit denen der Frage 5, ob „Carsharing" eine Alternative für PKW-/Krad-Nutzer darstellen könnte, in Form einer Kreuztabelle gegenüber (siehe Abb. 4). 12 der Befragten haben beide Fragen beantwortet. Die Bilanz war, dass die, die „Carsharing" als Alternative ablehnten, sich bei steigenden PKW-/Krad-Kosten einer Mischnutzung (PKW/ÖPNV) bedienen würden. Ein anderer Teil würde vollständig auf den ÖPNV umsteigen und sieht „Carsharing" als Alternative zum Individualverkehr. Die Pluralität der PKW-/Krad-Nutzer würden ebenfalls gänzlich zum ÖPNV wechseln, aber sie sehen „Carsharing" nur partiell als Alternative zum privaten Verkehrsmittel.

Wir haben die Teilnehmer der Studie in F8 befragt, welche Mischnutzung sie bevorzugen bzw. interessant finden würden. 22% würden als Mischnutzung den ÖPNV u. PKW/Krad nutzen, 61% ÖPNV u. Fahrrad, 14,6% nur ÖPNV, 1,2% nur PKW und 1,2% enthielten sich der Frage. Das Ergebnis verdeutlicht, dass die interessanteste Mischnutzung der ÖPNV in Verbindung mit der Fahrradnutzung von den Befragten Studenten die Mehrheit darstellt. Die Mischnutzung von unterschiedlichen Verkehrsmitteln wird von den Befragten gegenüber der Einzelnutzung eindeutig bevorzugt. Die Kosten-Nutzenfaktoren sind wichtige Indikatoren für das Ergebnis der Umfrage. Mischnutzung wirkt sich auf die Kostenstruktur des einzelnen Individuums und dessen Mobilität aus. Die Mischnutzung in Kombination von ÖPNV u. PKW zeigt sich bei 22% der befragten Studenten/innen. Jedoch können sich viele Kommilitonen aufgrund hoher Fixkosten einen PKW zusätzlich zum Studium nicht finanzieren. 61% der der Teilnehmer bevorzugen als Mischnutzung den ÖPNV in Verbindung mit der Fahrradnutzung. Besonders Studentinnen bevorzugen das Fahrrad für Fahrten zu universitären Einrichtungen in Kombination mit dem ÖPNV. Männer weisen eine andere Mobilität als Frauen auf. Das BMFSFJ[14] untersucht im „Gender Mainstreaming" die Fragestellung der Mobilität von Frauen und Männern. Die Motivation einer unabhängigen Mobilität von und zum Arbeitsplatz spielt für Männer eine größere Rolle, während Frauen für Fahrten zum Arbeitsplatz, Besorgungen, Termine etc. verstärkt den ÖPNV/SPNV nutzen.

Mischnutzung

		Häufigkeit	Prozent	Gültige Prozente	Kumulierte Prozente
Gültig	ÖPNV_PKW	18	22,0	22,0	22,0
	ÖPNV_Fahrrad	50	61,0	61,0	82,9
	nur ÖPNV	12	14,6	14,6	97,6
	nur PKW	1	1,2	1,2	98,8
	k.A.	1	1,2	1,2	100,0
	Gesamt	82	100,0	100,0	

Tab. 3

Eine Minorität von 14,6% würde nur den ÖPNV nutzen und eine Mischnutzung nicht befürworten. Ein Befragter würde nur den PKW benutzen und die Mischnutzung nicht in

---

[14] Bundesministerium für Familie, Senioren, Frauen und Jugend.
http://www.bmfsfj.de/gm/frauen-und-maenner-im-Alltag,did=13480.html

Anspruch nehmen. Der ÖPNV/SPNV erscheint als nützliches und bevorzugtes Transportmittel für Studenten/innen an der UP in Verbindung mit privaten Verkehrsmitteln. Eine Majorität der Studenten/innen präferieren den ÖPNV/SPNV in Verbindung mit einer Fahrradnutzung. Die Mitnahmekapazitäten von Fahrrädern im ÖPNV haben sich in den vergangenen Jahren leicht erhöht, aber die Nachfrage verhält sich proportional zum Stellflächenangebot. Aufgrund von kontroversen Diskursen hat der VBB[15] die Mitnahme von Fahrrädern im ÖPNV/SPNV (RE1) zeitlich reglementiert[16], um bei den Verkehrsspitzenzeiten und stärker frequentierten Streckenabschnitten Entlastungseffekte zu erzielen. Die Mobilität in Form der Fahrradbenutzung bei kürzeren Distanzen gegenüber dem Individualverkehr erscheint als effektiv, während bei längeren Distanzen der PKW bevorzugt wird. (Tab. 3)

Ein wichtiges Kriterium stellt das Lebensalter der Studierenden in Verbindung mit der Häufigkeitsnutzung des Semestertickets dar. Die Fragen F1 und F25 wurden von uns gegenübergestellt. In den Alterskategorien von 30-39 und 40-49 Jahren wird das Semesterticket in täglicher Mobilität genutzt. 8 Befragte beantworteten diesen Aspekt. Das dichte Verkehrsnetz und dessen Nutzungspotentiale sind für diese Altersgruppen wichtige Indikator für ein hohes Mobilitätsverhalten im ÖPNV/SPNV. Das Freizeitverhalten und der Freizeittourismus spielt in dieser Gruppe eine große Rolle. Vernünftige Verkehrsanbindungen im VBB erscheinen als signifikantes Kennzeichen. Ein ausgebautes und gut funktionierendes Verkehrsnetz unterstützt die Nutzungshäufigkeit des Semestertickets.
In der untersuchten Altersgruppe von 18 bis 23 und 24 bis 29 Jahren gibt die Mehrheit der Befragten eine tägliche Nutzung des Semesterticket an. Wohn- und Standortfaktoren stellen wichtige Variablen für die Nutzung des Semestertickets dar. Anderweitige Mobilitätsfaktoren, wie den eigenen PKW, Fahrgemeinschaften oder Freizeitaktivitäten am Wochenende, sind weitere wichtige Variablen für das Nutzungsverhalten. In den Altersgruppen von 18 bis 23 und 24 bis 29 präsentiert sich ein anderes Nutzungsverhalten mit dem Semestertickets, als in der Altersgruppe von 30 bis 49 Jahren. (Abb. 1)

---

[15] Verkehrsverbund Berlin-Brandenburg
[16] http://www.asta.uni-potsdam.de/semesterticket/

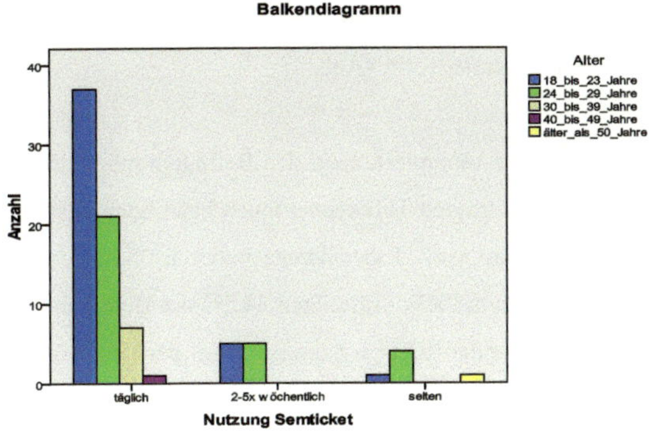

Abb. 1

Zum Nutzungsverhalten des Semestertickets (F1) in Verbindung mit dem Zeitfaktor (F9) ergibt sich ein differenzierteres Bild. Von 82 Teilnehmern nutzen 23 Studenten/innen – mit 45 Minuten Fahrzeit zur Universität – das Semesterticket täglich und bilden damit eine erste Bilanz. Bei einer Reisezeit bis 1,5 Stunden zeichnet sich eine zweite Prognose ab. Denn diese 25 Studierenden nutzen das Semesterticket täglich. Bei 2 Stunden Fahrzeit fällt die Anzahl der Benutzer signifikant.

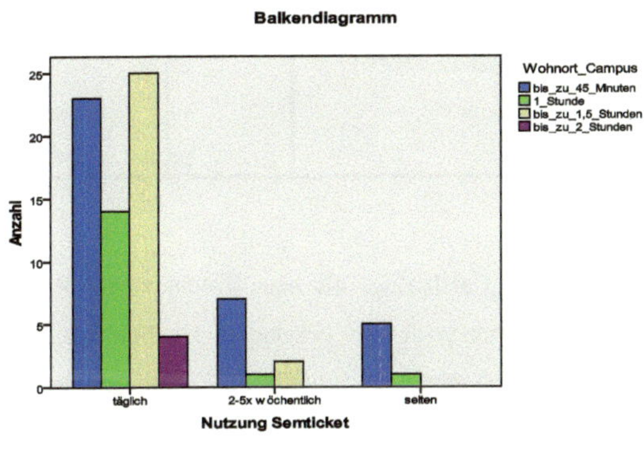

Abb. 2

Das Ergebnis zeigt, dass die Nutzungsanwendung des Semestertickets hauptsächlich in kurzen und mittleren Entfernungs- und Zeitdistanzen liegt. Der Wohnort ist eine wichtige Variable für die Befragten. Im Stadtverkehr finden sich vermehrt tägliche Nutzer, als bei dem Angebot des ÖPNV/SPNV in der Peripherie. Je weiter die Entfernungsdistanzen und somit längere Fahrzeiten (bis 1,5 Stunden) in Anspruch genommen werden müssen, desto häufiger nutzen Studierende das Semesterticket zur Mobilität. Bei Fahrzeiten >1,5 Stunden zur Universität nimmt die Nutzung des Semestertickets stark ab. Die Mobilität spielte in der befragten Gruppe eine zentrale Rolle. (Abb. 2)

F10 als Mehrfachantwortfrage konzipiert, zeigt den Befragten mögliche Alternativen zum Semesterticket auf. Von 82 befragten Teilnehmer/innen beteiligten sich 62 (75,6%) an der Fragestellung. Für den Ausbau von Fahrradwege votieren 35,7% der Studenten/innen. Fahrgemeinschaften mit eigenem PKW präferieren 34,5% der Befragten. Ein Modifiziertes Ticket als Alternative zum standardisierten Semesterticket der UP befürworten 17,9% der Studierenden und das Modell „Carsharing"[17] würden 11,9% als Alternative in Anspruch nehmen. Infolge der Möglichkeit von Mehrfachantworten variiert das Bild der bevorzugten Alternativen. Fahrgemeinschaften und Ausbau von Fahrradwegen bilden mit 46,8% und 48,4% der Fälle die Majorität, gefolgt vom modifizierten Ticket mit einer Quote von 24,2% und dem „Carsharing" mit 16,1%.

		Antworten		Prozent der Fälle
		N	Prozent	
Alternativen zum Semesterticket	Carsharing	10	11,9%	16,1%
	Ausbau_Radwege	30	35,7%	48,4%
	Fahrgemeinschaften	29	34,5%	46,8%
	Modi_ST	15	17,9%	24,2%
Gesamt		84	100,0%	135,5%

Tab. 4

Das Resultat indiziert, dass „Carsharing" als neue Produktkategorie im Verkehrsmarkt vielen Befragten Studenten/innen noch nicht bekannt ist. Die Servicestationen privater und Lokaler Anbieter weisen einen geringen Umfang auf. Mit dem Modell „Carsharing" lassen sich Fahrgemeinschaften bilden und die Kostenstruktur für Studierende minimieren. Die Preisentwicklung für Rohöl spielt eine immanente Rolle bei der Durchsetzung der „Carsharing"-Alternative. Mehr Marketingaktionen sollten für den gewünschten Bekanntheitsgrad führen. Das Modifizierte Semesterticket findet bei rund ¼ der Befragten Studenten/innen einen Zuspruch in Anbetracht der Nutzung des eigenen PKW für die Fahrt zur Universität. (Tab. 4)

---

[17] www.dbcarsharing.de

Die Frage F12 zur Preisgestaltung des Semestertickets ergibt ein gemischtes Bild. 4,9% der befragten Studenten/innen denken, das Semesterticket sei zu teuer. Für 43,9% stellt sich der Preis als moderat dar und 39,0% erwähnen, es sei preiswert. Eine Minorität von 11% meint, das Ticket sei sehr preiswert. Die Mehrheit empfindet die Preiskondition des Semestertickets als moderat. Das Gesamtnetzticket des VBB würde ohne Ermäßigung rund 1700 €[18] für 1 Jahr kosten. Das Semesterticket für die Universität Potsdam liegt für 2 Semester bei ca. 270 €, eine Reduktion von rund 84% gegenüber dem VBB-Tarif für Erwachsene. Vermutlich diese Unwissenheit lässt einen hohen Anteil der Befragten das Semesterticket als moderat, aber nicht als sehr günstig erscheinen. (Abb. 3)

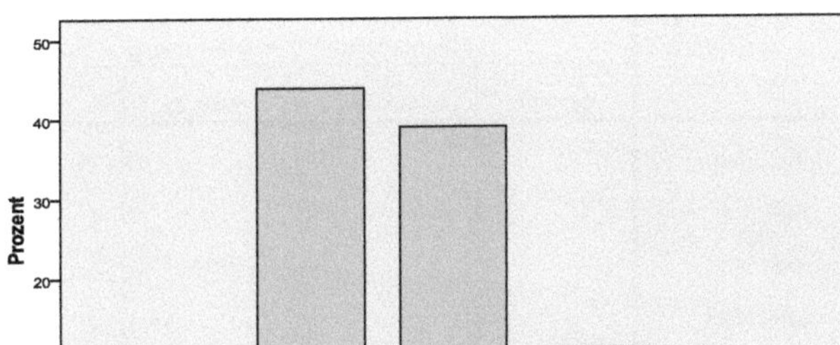

Abb. 3

Bei der Kombination von F13 und F21, der Einführung eines modifizierten Semestertickets in Verbindung mit dem Pflichtkauf des Tickets an der Universität Potsdam, ergibt sich ein differenziertes Bild. Eine Majorität der Befragten würde die Einführung eines modifizierten Semestertickets begrüßen. Von 82 Befragten sprechen sich 11 Teilnehmer, die für ein modifiziertes Ticket sind, gegen einen generellen Pflichtkauf des Semestertickets aus. 16 Befragte denken der Pflichtkauf des Semestertickets sei gerecht und die Notwendigkeit zur Einführung eines modifizierten Semesterticket sei nicht erforderlich. 19 Befragte geben an der Pflichtkauf sei ungerecht und ein modifiziertes Semesterticket sei nicht notwendig. Insgesamt entschieden sich 15 Befragte, bei der Frage nach der Einführung eines modifizierten Semestertickets für die Variante „vielleicht" und 18 für die Option „weiß nicht". Zur Frage des Pflichtkaufs hatten zwei Befragte bei der Antwortmöglichkeit „Sonstiges" keine eindeutige Meinung, „man könne sich nicht

---

[18] http://www.vbbonline.de/index.php?cat=2&sCat=394&id_language=1#anker4

entscheiden" war die Aussage. Fünf der Teilnehmer hatten die Frage nicht beantwortet. Die Frage zum Pflichtkauf zielt auf das subjektive Gerechtigkeitsempfinden des einzelnen Individuums ab. Die Einführung eines modifizierten Semestertickets findet an einigen Universitäten Bundesweit statt. Das Solidarprinzip beim Semesterticket-Kauf für alle Studenten/innen gilt dennoch als Standardversion bundesweit. Die Universitäten und Verkehrsverbünde können durch Rahmenvereinbarungen ein preisgerechtes Semesterticket für Studenten anbieten. Das Stufenticket in Form eines modifizierten Tickets bieten einige Universitäten an. Durch dieses Angebot erhalten die Studenten/innen die Möglichkeit universitäre Angelegenheiten, Freizeitverhalten, Tourismus und die Nutzung eigener privater Verkehrsmittel zu vereinbaren. (Tab. 5)

	Pflichtkauf des Semestertickets				Gesamt
	gerecht	ungerecht	sonstiges	k.A.	
Einfürung ja	0	11	0	2	13
eines nein	16	19	0	1	36
modifiziertem					
Semesterticket vielleicht	7	6	1	1	15
weiß nicht	9	7	1	1	18
Gesamt	32	43	2	5	82

Tab. 5

Studierende im Bundesland Saarland mit Immatrikulation der Universität Saarbrücken können Anschluss-Tickets für einzelne Verkehrsnetze und Verbünde erwerben. Das „Westpfalz-Anschluss-Semesterticket" kann für 131,30 € von Studenten erworben werden und gilt interregional. Andere Varianten von angebotenen Semestertickets im Saarland sind folgende: RNN[19] Anschlussticket für 133 € und das Standardticket für Studenten der Universität Saarbrücken beträgt 85 €.[20]

Überdies bieten die Leipziger Verkehrsbetriebe in Verbindung mit der Universität Leipzig modifizierte Semestertickets für die Studierenden an. Zwei unterschiedliche Semestertickets erscheinen als Sockelmodell im Tarifgefüge. Das Ticket „Stadt Leipzig" ist für 75,70 € und das Ticket „LVB-Netz" für 86 € zu erwerben[21]. Die Studenten/innen der Universität Leipzig entscheiden über den eigenen Bedarf des Semestertickets. Ein Solidaritätsfond ermöglicht die Finanzierung von „Carsharing" oder Reparaturwerkstätten

---

[19] Rhein-Nahe-Nahverkehrsbund
[20] http://www.asta.uni-saarland.de/asta/campusgestaltung-verkehr-und-oekologie/semesterticket/
[21] http://www.lvb.de/index.php?page=1164&session=b963ef6992de1e03d5d247b2253aa8d0

für Fahrräder. Die verschiedenen Semestertickets unterstützen Dienstleistungsangebote zur Mobilität von Verkehrsträgern.

Der Münchener Verkehrsverbund verhält sich gänzlich, anders denn man offeriert den Studenten/innen kein ermäßigtes bzw. modifiziertes Semesterticket.

Der Verbund argumentiert mit einem breiten Tarifangebot je nach Bedarf innerhalb seines Netzes im Großraum München. Die Einführung eines modifizierten Semestertickets scheitert wegen zu geringer Annahmequote der befragten Studierenden. Das Interesse der Studierenden ist noch zu gering, als das das Semesterticket eine Alternative werden könnte. Derzeitig stehen die Landeshauptstadt München, der Freistaat Bayern und der Verbundlandkreis München in Verhandlung, um eine Lösung für die Einführung eines Semestertickets im Raum München zu realisieren[22].

Bei der Gegenüberstellung der Frage F15 und F18 in Hinsicht auf Kundenzufriedenheit und Service beim ÖPNV/SPNV zeigen die aufgenommenen Daten ein eindeutiges Bild. Von 44 Befragten, die Serviceleistungen als wichtige Komponente erachten, sind 15 Studenten/innen mit der Kundenfreundlichkeit und Dienstleistungsbereitschaft des Verkehrspersonals weniger bis unzufrieden. 14 Befragte waren mit dem Serviceangebot Seitens der Verkehrsunternehmen und der Kundenfreundlichkeit im ÖPNV partiell zufrieden, d. h. es gibt anscheinend größere Defizite im Bezug auf die Freundlichkeit des Personals gegenüber den Verkehrsteilnehmern. Trotz einiger Erfolge in den letzten Jahren zur Verbesserung des Images und Offensiven zur Freundlichkeit sind von 82 Befragten – zwei hatten sich der Frage enthalten – nur 31 zufrieden bis sehr zufrieden. Überfüllte Busse und Bahnen sind ein allgegenwärtiges Problem. Ferner sind Verspätungen fast schon Alltag im ÖPNV/SPNV und stellen eine stark Ruf schädigende Schwierigkeit dar, die unbedingt einer Lösung bedarf. Desgleichen weisen die Informationen von Beschäftigten der Verkehrsunternehmen, wie Busfahrer, Schaffner, Auskunftspersonale etc., gegenüber den Fahrgästen einige Defizite auf. Das eingesetzte Wagenmaterial zeigt Verschleißerscheinungen und die Sauberkeit in Fahrzeugen, auf den Bahnhöfen und an den Bushaltestellen stellt Unternehmen vor große Herausforderungen. Gegenwärtig wäre ein gutes Bsp. das Dilemma der S-Bahn-Ausfälle in Berlin und Brandenburg infolge von dringenden und notwendigen Reparaturarbeiten. Diese Problemlagen sind nicht förderlich für eine positive Bewertung der Nutzer. (Tab. 6)

---

[22] http://www.mvv-muenchen.de/de/home/dermvv/presse/pressemitteilungen/2008/
neueranlaufbeimsemesterticket/index.html

	Kundenfreundlichkeit						Gesamt
	sehr zufrieden	zufrieden	teils_teils	weniger zufrieden	unzufrieden	k. A.	
Service ÖPNV wichtig	1	13	15	12	3	0	44
teils_teils	1	8	14	1	0	1	25
unwichtig	1	4	3	1	1	0	10
weiß nicht	0	2	0	0	0	0	2
k. A.	0	1	0	0	0	0	1
Gesamt	3	28	32	14	4	1	82

Tab. 6

Die Frage F16 behandelt den Aspekt, ob Taktzeitverkürzungen im ÖPNV/SPNV eine Alternative zum Individualverkehr (PKW, Motorrad/Mofa u. Fahrrad) darstellen würde. Gegenübergestellt wird die Zufriedenheit der Befragten mit der Pünktlichkeit im ÖPNV aus Frage F20 (siehe Abb. 5). Die Bilanz stellt sich wie folgt dar: 14 Studenten/innen urteilen, dass die Maßnahme von Taktzeitverkürzungen eine Alternative zum Individualverkehr darstellt und sind mit der Pünktlichkeit des ÖPNV/SPNV zufrieden. Desgleichen sind 14 Befragte mit der Pünktlichkeit unzufrieden und sind sich im Punkt der Taktzeitverkürzung mit der zuvor erwähnten Gruppe einig. 13 Studierende antworteten in beiden Fällen mit „teils/ teils". Eine Pluralität hält Taktzeitverkürzungen für eine viel versprechende Alternative zum Individualverkehr, sprich eine höhere Nutzungsquote des Semestertickets.

Jedes Verkehrssystem hat seine Ordnung. Beispielsweise im SPNV-System herrscht ein zeitlich begrenzter Blockabstand der Züge oder S-Bahnen. Kommt es zu Verspätungen auf dem Streckenblock, staut sich der folgende Zugverkehr auf. Je nach Dringlichkeitsbedarf der Zugfolge werden Hilfszüge eingesetzt. Der Streckenblock steht immer in Abhängigkeit zum Bahnhofsblock. Auch witterungsbedingte Einflüsse kann die Verkehrsleitfähigkeit von Zügen stark beeinflussen: z. B. Einfrieren von Weichen, Baumstürze etc. Im ÖPNV kommt es meist durch eine hohe Verkehrsdichte zu Verspätungen der Buslinien. Die Straßenbahnen (Tram) haben gegen ähnliche Widrigkeiten, wie der SPNV, zu kämpfen.

Zum Fall der Pünktlichkeit im ÖPNV wäre nochmals vollständiger weise zu sagen, dass die Mehrzahl der Befragten (46,3%) mit der Pünktlichkeit im ÖPNV/SPNV nur partiell zufrieden sind. Summiert man die „nein"- mit den „teils/ teils"-Antworten überwiegt die

Unzufriedenheit der Studenten/innen mit den öffentlichen Verkehrsträgern und Verkehrsunternehmen des ÖPNV/ SPNV in Bezug auf die Pünktlichkeit. (Tab. 7)

Pünktlichkeit ÖPNV

		Häufigkeit	Prozent	Gültige Prozente	Kumulierte Prozente
Gültig	ja	27	32,9	32,9	32,9
	nein	17	20,7	20,7	53,7
	teils_teils	38	46,3	46,3	100,0
	Gesamt	82	100,0	100,0	

Tab. 7

Dieses Resultat spiegelt sich auch in der Studie des AStA der Universität Potsdam aus dem Jahr 2002 wieder. Das Image vieler Verkehrsgesellschaften hinsichtlich dieser Fragestellung erscheint als geschwächt und die Zufriedenheit der Nutzer muss als ein wichtiger Faktor im ÖPNV/SPNV berücksichtigt werden. Um mehr Nutzer für den ÖPNV/SPNV zu gewinnen, müssen die erwähnten Defizite von den Verkehrsträgern vorrangig minimiert bzw. ganz ausgeräumt werden. „Corporate Identity"[23] kann das Image steigern und zu höherer Zufriedenheit mit dem ÖPNV/SPNV führen. Die Pünktlichkeit im ÖPNV/SPNV stellt eine Notwendigkeit für heutige Mobilität dar. Erreichbarkeit und Pünktlichkeit ist eine Säule unserer heutigen Wirtschaftsaktivität.

Bei der Gegenüberstellung von F2, die nach dem Nutzungszweck, und F3, die nach verwendeten Verkehrsmitteln für den Hin- u. Rückweg zur Universität fragt (beide als Mehrfachantwortenfragen konzipiert), zeichnet sich ein handfestes Resultat ab (siehe Tab. 8). Die überwältigende Mehrheit gab an, den ÖPNV/SPNV zu nutzen und verwendet das Semesterticket für universitäre und private Zwecke. Die ÖPNV-/SPNV-Nutzer sind führend bei der Nutzung des Tickets für den Freizeittourismus. Bei der Wahl der Verkehrsmittel liegen Fahrradnutzer an zweiter Stelle, gefolgt von den Fußgängern und den PKW-Nutzern. Das zeigt deutlich die hohe Nutzungsquote des Semestertickets in Verbindung mit dem ÖPNV/SPNV und stützt die Auswertung der AStA-Umfrage von 2002, wo ebenfalls die ÖPNV/SPNV-Nutzer die überwiegende Majorität darstellten.

---

[23] http://www.4managers.de/themen/corporate-identity/
Unter Corporate Identity (CI) versteht man die Identität, mit der sich eine Unternehmung präsentiert und beinhaltet die strategisch geplante und operativ eingesetzte Selbstdarstellung und Verhaltensweise eines Unternehmens sowohl nach innen und nach aussen.

Fazit

Aus der empirische Untersuchung zum Nutzungsverhalten und der Zufriedenheit der Studierenden an UP Potsdam kann folgende Bilanz gezogen werden: Die Hypothese konnte beantwortet werden. In unserer Auswertung der Daten konnten das Nutzungsverhalten und die Zufriedenheit mit dem Semesterticket dargestellt und durch Unterkategorien differenziert werden. Im Analyse- und Auswertungsabschnitt haben wir mit Hilfe von Tabellen und Diagrammen die für uns wichtigsten Aspekte der Hypothese verdeutlichen können.

Zusammenfassend kann gesagt werden, dass das Semesterticket vom überwiegenden Teil der Studenten genutzt wird und eine größere Minderheit es partiell oder eher selten in Anspruch nimmt. Insofern können wir die Aussage der AStA-Umfrage von 2002 bestätigen, dass die Mehrheit der Studierenden dass Semesterticket nutzt und der ÖPNV die am häufigsten genutzte Variante der Befragten darstellt. Unsere Untersuchungsergebnisse ergänzen die Resultate der AStA-Umfrage von 2002 in Hinsicht auf Alternativen zum Semesterticket, zur Frage des Pflichtkaufes, Preisempfindung, Zufriedenheitsfaktoren etc. Beispielsweise zeigt unsere empirische Untersuchung, dass von den 82 Befragten unserer Stichprobe über 50% den Pflichtkauf des Semestertickets als ungerecht empfinden. Dagegen überwiegt die Zufriedenheit mit dem Semesterticket beim Großteil unserer Fälle, da z. B. die Pluralität der befragten Studierenden die Kosten für das Ticket angemessen finden. Eine andere Bilanz unsere Untersuchung zeigt, je weiter die Entfernungsdistanzen sind und in Folge dessen längere Fahrzeiten (bis 1,5 Stunden) in Kauf genommen werden müssen, desto häufiger nutzen Studierende das Semesterticket zur Mobilität. Die Schlüsse, die wir mittels unserer Studie über die Zufriedenheit mit dem ÖPNV/SPNV ziehen konnten, ergaben, dass die Studierenden große Defizite bei den Dienstleistungen, wie z. B. Serviceangebote, Kundenfreundlichkeit und Pünktlichkeit seitens der Verkehrsunternehmen, feststellten. Es zeichnet sich eine deutliche Unzufriedenheit mit den öffentlichen Verkehrsträgern ab.

Die Quintessenz unserer Ergebnisse bestätigt und ergänzt die Verkehrsumfrage des AStA von 2002 und verdeutlicht das momentane Nutzungs- u. Stimmungsbild in Anbetracht des Nutzungsverhaltens und Zufriedenheit mit dem Semesterticket der Studierenden an der UP.

Reflexion des Forschungsprozesses und der Methode

Mit den Ergebnissen unserer Studie sind wir sehr zufrieden, da sie die Bilanz der AStA-Umfrage von 2002 bestätigen und somit unsere aufgeworfene Hypothese beantwortet werden konnte. Die Erträge der erhobenen Daten waren sehr umfangreich und deckten die zwei Themenkomplexe Nutzungsverhalten und Zufriedenheit gleichermaßen ab. Diese Vielzahl von Daten ermöglichte uns eine hohe Ausbeute an Resultaten. Anhand der Erforschung unserer Hypothese durch eine Stichprobe der Grundgesamtheit (Studentenschaft der UP) wird, mit Hilfe dieser Projektabschlussarbeit, das Meinungsbild der Befragten wiedergegeben. Die ermittelten Ergebnisse sind übertragbar, denn sie können als Hilfestellung für die Universität Potsdam und besonders den öffentlichen Verkehrsunternehmen dienen, um Auskunft über Defizite, die Nutzer festgestellt haben, zu erhalten und ggf. abzustellen.

Während der Erhebungsphase wurden dem von uns verwendeten Fragebogen positive Bemerkungen entgegengebracht, dennoch äußerten sich die Befragten auch kritisch dazu. Bereits im Punkt „Methodisches Vorgehen" (S.9) sind wir auf die Kritik zum Fragebogen ausführlich eingegangen. Zusätzlich wäre noch zu erwähnen, dass wir die Einleitung des Fragebogens bei künftigen Studien konkreter und für den Befragten anspruchvoller und noch interessanter formulieren würden. Ferner würden wir das nächste Mal bei der Erhebung der Daten sofort mit der Großgruppenbefragung im Rahmen einer Vorlesung oder eines Seminars beginnen. Eine Verbesserung der gewonnenen Ergebnisse hätte unserer Meinung nach nur durch eine höhere Anzahl der Befragten erreicht werden können. Die quantitative Methode in Form eines standardisierten Fragebogens war für unser Studie und die Auswertung der der erhobenen Daten sinnvoll. Für die Gegenüberstellung der verschieden Fällen der Befragung und Vergleichszwecken mit bereits existierenden Untersuchungen zu dem Forschungsgegenstand „Semesterticket" war unsere gewählte Methode des Fragebogens ebenfalls vorteilhaft gewesen.

Anhang

a.) Quellenverzeichnis

Sozialinfo für Studierende an Potsdamer Hochschulen, Hrsg.: GEW Brandenburg, Vierte, überarbeitete Auflage, 2008.

Meier Kruker, V. / Rauh, J., Arbeitsmethoden der Humangeographie, Darmstadt 2005.

Atteslander, P., Methoden der empirischen Sozialforschung, Berlin 2003.

Knox, P., L.,/ Marston, S., A., Humangeographie, Hrsg.: Gebhardt, Meusburger, Wastl-Walter, Heidelberg/Berlin 2001.

Kromrey, H., Empirische Sozialforschung, 9., korrigierte Auflage, Opladen 2000.

Internetquellen:

http://www.asta.uni-potsdam.de/semesterticket/verkehrsumfrage.pdf (2002)
   Hrsg.: Präsidium des Studierendenparlamentes Januar 2003
http://www.asta.uni-potsdam.de/semesterticket/
http://www.asta.uni-saarland.de/
www.dbcarsharing.de
Verkehrsverbund Berlin-Brandenburg (VBB)
   http://www.vbbonline.de/start.php?id_language=1
Münchener Verkehrsverbund (MVV)
   http://www.mvv-muenchen.de/
   http://www.mvv-muenchen.de/de/home/dermvv/presse/pressemitteilungen/2008/
   neueranlaufbeimsemesterticket/index.html
Leipziger Verkehrs Betriebe (LVB)
   http://www.lvb.de/index.php
   http://www.lvb.de/index.php?page=1164&session=b963ef6992de1e03d5d247b2253aa8d0
   http://www.studentenwerk-leipzig.de/SER/d-mobil.html
Bundesministerium für Familie, Senioren, Frauen und Jugend
   http://www.bmfsfj.de/gm/frauen-und-maenner-im-Alltag,did=13480.html

b.) Tabellenverzeichnis / Abbildungsverzeichnis

c.) Tabellen und Diagramme der SPSS-Auswertung

Zu F4 und F5 (S. 10)

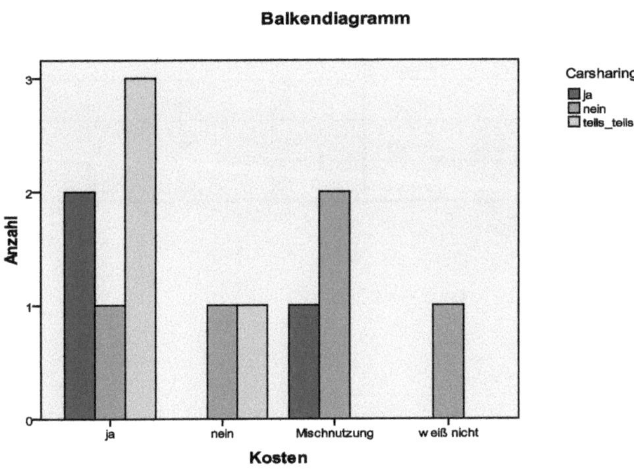

Abb. 4

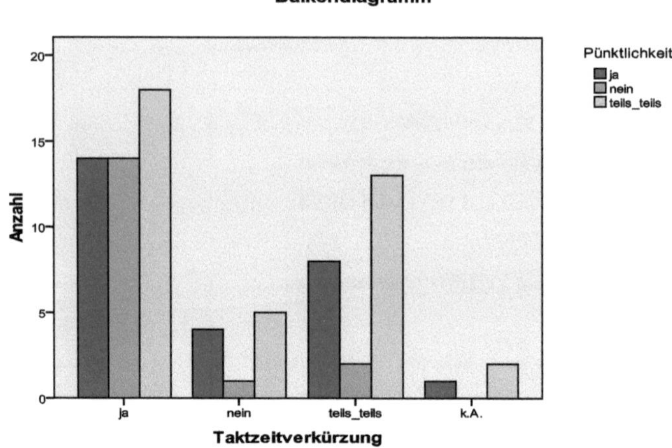

Abb. 5

Zu F2 und F3 (S. 19)

			Nutzung Verkehrsmittel Weg zur Uni				
			ÖPNV	Fahrrad	zu Fuß	PKW	Gesamt
Nutzungszweck	nur Universität	Anzahl	6	3	2	1	6
	nur Privat	Anzahl	3	2	1	2	5
	Uni_Privat	Anzahl	71	27	20	8	75
	Freizeittourismus	Anzahl	33	15	9	3	35
Gesamt		Anzahl	74	28	21	11	80

Tab. 8

d.) Fragebogen

Frbonr.:

FRAGEBOGEN
zum Semesterticket

Sehr geehrte(r) Studierende(r) der Universität Potsdam,
wir führen eine Projektstudie im Auftrag des Geographischen Instituts durch, die helfen soll die
Zufriedenheit und das Nutzungsverhalten der Studenten (an der Universität Potsdam) mit dem
Semesterticket zu ermitteln und zu untersuchen.
Deine Meinung ist uns sehr wichtig. Deshalb bitten wir dich um ein wenig Zeit den folgenden
Fragebogen (sorgfältig) zu lesen und auszufüllen. Selbstverständlich werden deine Angaben
streng vertraulich und anonym ausgewertet.

Viel Spaß!

F1: Wie häufig nutzt du das Semesterticket?

- ☐ **tägl.**
- ☐ **2-5 x wöchentl.**
- ☐ **selten**

**F2: Für welchen Zweck nutzt du das Semesterticket
(Mehrfachantworten möglich)**

- ☐ **nur Universität**
- ☐ **nur Privat**
- ☐ **Uni / Privat**
- ☐ **Freizeittourismus**

Sonstiges: ....

**F3: Welche Verkehrsmittel benutzt du zum Hin-
und Rückweg der Universität Potsdam?
(Mehrfachantworten möglich)**

- ☐ **ÖPNV**
  weiter ab Frage F8
- ☐ **Fahrrad**
  weiter ab Frage F8
- ☐ **zu Fuß**
  weiter ab Frage F8
- ☐ **PKW**
- ☐ **Motorrad/Mofa**

Sonstiges: ....

**F4: Würdest du bei steigenden PKW-/Krad-Kosten
verstärkt das ÖPNV/SPNV nutzen?**

- ☐ **ja**
- ☐ **nein**
- ☐ **Mischnutzung**
- ☐ **weiß nicht**

F5: Könnte das „Carsharing" für dich eine Alternative anstelle der PKW-/Krad-Nutzung sein?

- ☐ ja
- ☐ nein
- ☐ vielleicht
- ☐ kenne ich nicht

F6: Wie beurteilst du die Parkraumsituation an der Universität Potsdam für PKW?

- ☐ sehr gut
- ☐ gut
- ☐ teils/teils
- ☐ schlecht
- ☐ weiß nicht

F7: Sollte eine Parkraumbewirtschaftung eingeführt werden (Standort Neues Palais)?

- ☐ ja
- ☐ nein

Sonstiges: ……………………………..

F8: Welche Mischnutzung ist für dich interessant?

- ☐ ÖPNV/PKW
- ☐ ÖPNV/Fahrrad
- ☐ nur ÖPNV
- ☐ nur PKW
- ☐ nur Fahrrad

F9: Wie lange fährst du von deinem Studienwohnort bis zum Uni-Campus in Potsdam?

- ☐ bis zu 45 min.
- ☐ 1 Stunde
- ☐ bis zu 1,5 Stunden
- ☐ bis zu 2 Stunden
- ☐ über 2 Stunden

F10: Welche Alternativen sind für dich zum Semesterticket vorstellbar? (Mehrfachantworten möglich)

- ☐ Fahrgemeinschaften
- ☐ Carsharing
- ☐ Ausbau der Radwege
- ☐ Modifiziertes ST

Sonstiges: ……………………………..

F11: Sind für dich Umweltaspekte beim Semesterticket wichtig?

- ☐ ja
- ☐ nein
- ☐ teils/teils

F12: Wie beurteilst du die Preisgestaltung des Semestertickets?

- ☐ zu teuer
- ☐ moderat
- ☐ preiswert
- ☐ sehr preiswert

F13: Sollte ein modifiziertes Semesterticket (z.B. nur gültig
am Wochenende) für Autonutzer eingeführt werden?

- ☐ ja
- ☐ nein
- ☐ vielleicht
- ☐ weiß nicht

F14: Sind deiner Meinung nach genügend PKW/Fahrrad Stellplätze
an
den Bahnhöfen vorhanden?

- ☐ ja
- ☐ nein
- ☐ teils/teils
- ☐ ich bin ÖPNV-/
  SPNV-Nutzer

F15: Wie wichtig sind für dich Service und Dienstsleistung im
ÖPNV?

- ☐ wichtig
- ☐ teils/teils
- ☐ unwichtig
- ☐ weiß nicht

F16: Würden Taktzeitverkürzungen des ÖPNV eine Alternative zum
Individualverkehr (PKW, Motorrad/Mofa u. Fahrrad)
darstellen?

- ☐ ja
- ☐ nein
- ☐ teils/teils

F17: Sind deiner Meinung nach die Verkehrsanbindungen des ÖPNV
ausreichend um deinen Uni-Alltag zeitlich bewältigen zu
können?

- ☐ ja
- ☐ nein
- ☐ teils/teils

F18: Wie zufrieden bist du mit der Kundenfreundlichkeit
(Personal) im ÖPNV?

- ☐ sehr zufrieden
- ☐ zufrieden
- ☐ teils/teils
- ☐ weniger zufrieden
- ☐ unzufrieden

F19: Bist du mit dem Komfort im ÖPNV/SPNV zufrieden?

- ☐ ja
- ☐ nein
- ☐ teils/teils

F20: Bist du mit der Pünktlichkeit der Beförderungsmittel im
ÖPNV/SPNV zufrieden?

- ☐ ja
- ☐ nein
- ☐ teils/teils

F21: **Was hältst du von dem „Pflichtkauf"(Befreiung nur in Ausnahmefällen) des Semestertickets für Studenten?**

❏ gerecht
❏ ungerecht

andere Meinung: ....

F22: **Geschlecht?**

❏ männlich
❏ weiblich

F23: **Alter?**

❏ 18 bis 23 Jahre
❏ 24-29 Jahre
❏ 30-39 Jahre
❏ 40-49 Jahre
❏ > 50 Jahre

F24: **Wohnort?**

❏ Brandenburg
❏ Berlin
❏ neue Bundesländer
❏ alte Bundesländer

Sonstiges: ....

F25: **Dein Studiengang?**

Hauptfach: ....

Nebenfach: ....

angestrebter Abschluss: ....

Vielen Dank für deine Unterstützung!

BEI GRIN MACHT SICH IHR WISSEN BEZAHLT

- Wir veröffentlichen Ihre Hausarbeit,
  Bachelor- und Masterarbeit

- Ihr eigenes eBook und Buch -
  weltweit in allen wichtigen Shops

- Verdienen Sie an jedem Verkauf

Jetzt bei www.GRIN.com hochladen
und kostenlos publizieren